N° 108

Prix : 10 centimes.

LE LIVRE POUR TOUS

MILLE ET UN MANUELS POPULAIRES

HYGIÈNE · DROIT · MINES · BEAUX-ARTS · MÉDECINE · PHYSIQUE · CHIMIE · HISTOIRE · CHASSE · PÊCHE · FINANCE · BOURSE · COMMERCE · MÉTIERS · SCIENCE

SCIENCE

LES MOTEURS HYDRAULIQUES

TOME II

L. BOULANGER, éditeur, 90, boul. Montparnasse, PARIS

LE LIVRE POUR TOUS

POUR PARAITRE

101. **Politique** : J.-J. Rousseau. *Le contrat social.*
102. **Politique** : Mirabeau. *Opinions et discours.*
103. **Physique** : *Les machines électriques*, tome I.
104. **Physique** : *Les machines électriques*, tome II.
105. **Littérature** : Danton. *Discours.*
106. **Littérature** : Désaugiers. *Chansons.*
107. **Science** : *Les moteurs hydrauliques*, tome I.
108. **Science** : *Les moteurs hydrauliques*, tome II.
109. **Littérature** : Racine. *Les Plaideurs.*
110. **Littérature** : Voltaire. *Candide.*
111. **Littérature** : Voltaire. *Candide.*
112. **Littérature** : J.-J. Rousseau. *L'enfance.*
113. **Littérature** : Diderot. *Ce n'est pas un conte.*
114. **Littérature** : Thiers. *Le 18 mars.*
115. **Littérature** : Barbès. *Deux jours de condamnation à mort.*
116. **Littérature** : Diderot. *Les deux moines.*
117. **Littérature** : Beaumarchais. *Le mariage de Figaro*, tome I.
118. **Littérature** : Beaumarchais. *Le mariage de Figaro*, tome II.
119. **Littérature** : Beaumarchais. *Le mariag de Figaro*, tome III.
120. **Littérature** : Lamenais. *Le livre peuple.*
121. **Littérature** : X. de Maistre. *La jeu Sibérienne*, tome I.
122. **Littérature** : X. de Maistre. *La jeu Sibérienne*, tome II.
123. **Littérature** : Longus. *Daphnis et Chl* tome I.
124. **Littérature** : Longus. *Daphnis et Chl* tome II.
125. **Littérature** : Longus. *Daphnis et Chl* tome III.
126. **Littérature** : Voltaire. *Poésies.*
127. **Littérature** : Corneille. *Le mente* tome I.
128. **Littérature** : Corneille. *Le mente* tome II.
129. **Littérature** : Rabelais. *Garganti* tome I.
130. **Littérature** : Rabelais. *Garganti* tome II.
131. **Littérature** : Rabelais. *Garganti* tome III.
132. **Littérature** : Camille Desmoulins. *Lanterne.*
133. **Littérature** : Carnot. *La révoluti française.*

Les nécessités du tirage peuvent amener quelques modifications à ce liste. Les 50 volumes suivants seront publiés ultérieurement. La collecti comprendra tout ce qu'il est utile de savoir. — Chaque mois le derni volume de la dizaine parue porte la liste de la dizaine à paraître. — paraît deux volumes par semaine, le jeudi et le dimanche. — Les dix p miers volumes sont envoyés *franco* moyennant **1 fr. 25** à toute person qui en fait la demande.

Les personnes qui nous demanderont les dix premiers volumes re vront, à titre de **prime**, un *élégant cartonnage* permettant de lire chaq volume sans le froisser. S'adresser chez l'éditeur. — On peut s'abonn soit chez l'éditeur, soit chez les libraires et marchands de journaux.

Ces volumes se trouvent chez tous les libraires au prix de **10** centim chacun.

Dans le cas où on ne pourrait se les procurer, l'éditeur reçoit d abonnements au prix de **1 fr. 25** la série de **10** et de **6** francs la série 50 volumes.

Ces prix comprennent le port. Dans ce cas les volumes sont expédi **2 à la fois** le samedi de chaque semaine. — Les volumes parus peuv toujours être fournis d'un seul coup et immédiatement.

10 centimes le numéro.

LE LIVRE POUR TOUS

Aujourd'hui un livre, quel qu'il soit, ne peut compter sur un grand succès durable que s'il est tellement *bon marché* que tout le monde puisse l'acheter sans compter, s'il est *tellement intéressant* et utile, que tout le monde dise : « *Je veux le lire, l'avoir et le garder.* »

Or il n'y a pas de livres d'un intérêt plus réel, d'une utilité plus pratique et plus constante que ceux qui fournissent des *renseignements précis et complets* sur ce que tout le monde veut savoir et doit connaître.

Mais ces livres d'information et de référence ne sont vraiment bons qu'à la condition d'être des guides toujours sûrs, des conseillers toujours prêts à répondre exactement aux nombreuses questions que l'on a sans cesse à résoudre. Ils doivent être méthodiques, exacts, clairs, faciles à manier, commodes à emporter partout avec soi. Ils doivent en outre constituer dans leur ensemble la meilleure et la plus parfaite des encyclopédies; et en même temps chacune de leurs parties doit former un tout distinct, de telle sorte que celui qui veut se contenter de cette partie unique y trouve tout ce dont il a besoin.

Un dictionnaire ne peut réunir ces avantages : s'il est volumineux, il est cher et par conséquent pas à la portée de tous; s'il est petit, il est restreint, et les articles en sont nécessairement écourtés, incomplets. De plus le dictionnaire renvoie d'un mot à l'autre, il ne peut se lire à la suite, il contient des redites. Les manuels, les traités sont évidemment plus utiles, mais ils sont d'ordinaire d'un prix élevé, surtout quand il s'agit de questions spéciales ou scientifiques ou techniques.

Nous avons pensé qu'il restait à créer une collection réunissant, à la fois, l'utilité des dictionnaires et celle des manuels, et d'un prix si minime que tout le monde puisse se la procurer.

Nous avons donné à cette collection un titre général disant d'un mot ce qu'elle est :

Le Livre pour tous, c'est-à-dire le livre indispensable à tout le monde, le livre auquel on doit avoir recours en toute occasion et qui mérite toute confiance.

Le Livre pour tous donne à tous les connaissances nécessaires à tous. Il est le vade-mecum de toute instruction pratique, le répertoire de toutes les sciences usuelles.

Le Livre pour tous est le livre de tous ceux qui travaillent, qui étudient, qui s'informent, qui veulent s'éclairer, c'est-à-dire tout le monde.

Ce qui distingue notre collection de toutes celles que l'on a publiées dans le même genre et ce qui fait sa supériorité sur toutes les compilations adressées aux lecteurs sous prétexte de vulgarisation, ce qui doit lui donner la préférence sur les dictionnaires et les manuels, c'est, nous le répétons :

1° Le *bon marché*. — Chacun de nos volumes ne coûte que 10 centimes, et contient comme texte le tiers d'un volume ordinaire de 300 pages vendu 3 fr. 50 et même de 4 à 6 francs.

2° L'*abondance et l'exactitude des renseignements*. — Chacun de nos volumes est rédigé avec le plus grand soin par des auteurs compétents d'après les travaux les plus récents et les plus autorisés.

3° La *commodité du format*. — Chacun de nos volumes peut facilement tenir dans la poche, on peut l'emporter avec soi à la promenade, le lire en voiture, en omnibus, en chemin de fer.

4° La *clarté du texte*. — Les volumes sont imprimés en caractères neufs, lisibles sans fatigue, et les matières sont disposées de telle sorte que d'un coup d'œil on trouve ce que l'on cherche.

5° La *valeur documentaire*. — Chaque volume forme un tout; mais l'ensemble des volumes forme une encyclopédie. Dans chaque volume, chaque sujet est traité à fond. De plus chaque volume est accompagné de documents, de tables de références, de tables statistiques, etc., qui sont d'un usage précieux.

Il suffit d'avoir sous les yeux un seul de nos volumes pour se rendre compte de l'importance de notre collection et des services qu'elle rend.

Tous les volumes de la collection sont rédigés avec le même soin, d'après la même méthode et dans le même but d'utilité.

N. B. Le Livre pour tous *peut être mis dans toutes les mains. C'est la meilleure recompensé à donner aux elève dans toutes les écoles. C'est la collection la plus utile à tout le monde.*

L'éditeur-gérant : L. BOULANGER.

Sceaux. — Imp. Charaire et Cie.

LES

MOTEURS HYDRAULIQUES

TOME II

108

LES MOTEURS HYDRAULIQUES

LES TURBINES

Si l'on veut que les turbines modernes ne soient que des perfectionnement de la turbine Euler, il faut pour trouver leur véritable origines remonter jusqu'aux roues à réaction.

Les *roues à réaction* sont nées d'un instrument de démonstration fort ancien, connu sous le nom de *tourniquet hydraulique*, et qui, ayant pour principe de son mouvement ce qu'on appelle la réaction de l'eau, indiquait qu'on pouvait demander à l'eau une autre force, plus effective que celle du choc.

Voici en quoi consiste ce tourniquet : un vase mobile, monté verticalement sur pivot dans un bassin, et soutenu d'en haut par un montant à potence.

Ce vase, muni à sa partie inférieure, d'un tube horizontal dont les extrémités sont coudées en sens inverse, est fermé à sa partie supérieure par un robinet.

Si, une fois qu'il est rempli d'eau, on ouvre ledit robinet, la pression atmosphérique s'exerce librement sur le liquide qui s'écoule par le tube inférieur, en lui imprimant un vif mouvement de rotation, qui se comunique naturellement au vase lui-même.

Tel est le principe adopté pour la première roue à réaction, proposée vers le milieu du siècle dernier par Segner, professeur de physique à Gœttingue,

Cet appareil, qui ne paraît pas, du reste, avoir été construit assez en grand pour un usage pratique, n'était pas autre chose que le tourniquet, modifié seulement par l'addition de plusieurs branches étalées en rayons, à la base d'un cylindre vertical.

Tourniquet hydraulique.

Quelques années plus tard, Léonard Euler et son fils Albert construisirent un moteur, qui n'a pas une grande analogie avec nos turbines modernes, mais que l'on s'est habitué à considérer comme leur ancêtre.

On jugera du bien fondé de cette comparaison par la description de l'appareil, par Léonard Euler lui-même et la reproduction du dessin, très primitif, qu'il en dressa, mais que nous complétons en regard par une coupe, portant les mêmes lettres indicatrices.

« Soit O l'axe vertical autour duquel la machine doit tourner uniformément; cette machine sera composée de plusieurs tuyaux semblables, qui ont chacun leur embouchure en bas comme *b*, par lesquels l'eau s'échappe, et dont les ouvertures supérieures sont réunies dans l'espace annulaire *e*.

« Il sera bon d'enfermer tous ces tuyaux dans un tambour B, d'une surface bien unie et polie par le dehors, afin que la résistance de l'air n'apporte pas d'obstacle à son mouvement. Ce tambour, creux en dedans, pour en diminuer le poids, sera relié à l'axe de rotation par des barres transversales, afin qu'il tourne avec lui.

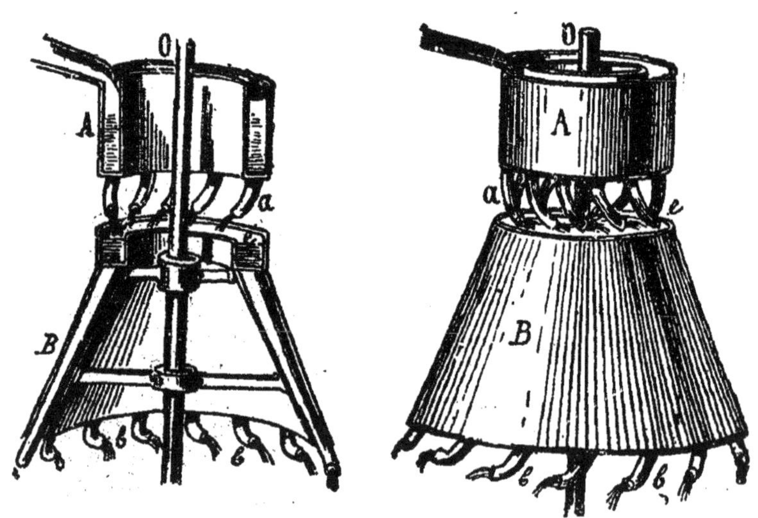

Turbine d'Euler.

« Or, au-dessus de ce tambour, mobile avec l'axe, se trouve le réservoir A, ayant également la forme d'un tambour, mais immobile, n'étant pas attaché à l'axe O, qui le traverse au milieu. Au fond de ce réservoir se trouvent plusieurs canaux *a*, par lesquels l'eau est conduite dans le vaisseau inférieur B, et sous une obliquité déterminée.

« Et, si le réservoir A fournit dans le vase mobile B, autant d'eau qu'il en sort par les orifices *b*, les tuyaux de ce vaisseau demeureront constamment pleins d'eau jusqu'à la partie supérieure *e*, et le mouvement de l'eau deviendra bientôt uniforme, pourvu que le mouvement de rotation le soit également. »

Comme on le voit, c'est encore le tourniquet hydraulique, dont l'action est rendue continue par l'addition d'un réservoir supérieur, alimenté par un conduit qui vient de la prise d'eau et, malgré les modifications adoptées plus tard par Albert Euler, ce ne fut jamais que cela.

Il ne faut cependant pas méconnaître que cette machine a indiqué des dispositions qui ont été utilisées depuis avec succès, notamment l'emploi des vases fixes et mobiles, l'admission de l'eau à la fois sur toute la surface de la roue et l'écoulement par toute la circonférence.

Nous ne nous attarderons point à étudier tous les essais qui ont été faits pour la construction des roues à réaction, tant nous avons hâte d'arriver aux turbines qui en sont le véritable perfectionnement pratique ; nous dirons cependant quelques mots de la *roue horizontale* de l'ingénieur anglais Adamson et du *levier hydraulique* de M. Mannoury d'Ectot.

Nous serons bientôt en règle avec la première ; car cette roue horizontale, qui fit son apparition en 1827, était simplement une roue à palettes planes, montée sur un axe vertical, à peu près comme les roues à cuves.

Sur sa circonférence extérieure, cette roue était munie d'une série de passages, dont une des parois verticales était tangente à cette circonférence et l'autre parallèle à la première, et aboutissait juste à l'extrémité de la paroi du passage voisin.

C'est par ces passages que l'eau arrivait du réservoir sur la roue et s'élançait sur les palettes planes, auxquelles elle imprimait un mouvement assez rapide, mais peu productif; car ce moteur, expérimenté en Angleterre, n'a jamais donné plus de 25 à 30 0/0 de rendement ; encore ne peut-on pas compter sur un travail continu, vu l'absence, dans le système, de toute vanne régulatrice, sans laquelle on ne peut proportionner la puissance d'un moteur aux services qu'on en attend.

Le *levier hydraulique*, que le marquis de Mannoury d'Ectot fit breveter en 1807, n'est pas précisément une roue ;

c'est encore le tourniquet, mais d'une application plus pratique que la machine des Euler.

Le moteur est un tuyau horizontal contourné symétriquement en forme d'S, et disposé comme un volant sur l'axe vertical, qui porte à son extrémité supérieure la meule qu'il s'agit de mettre en mouvement.

Levier hydraulique Mannoury d'Ectot.

L'eau arrive dans la cuve où se meut le volant, consolidé au moyen de barres transversales sur lesquelles sont boulonnés des supports verticaux, par un large conduit recourbé, pour déboucher juste au centre du volant, par une ouverture pratiquée en dessous et qui sert en même temps de guide central à l'appareil.

Naturellement, il se trouve entre le récepteur et le tuyau conducteur, un manchon mobile qui permet au tuyau de rester fixe, pendant que le volant opère sa révolution, en vertu du même principe que dans le tourniquet hydraulique, mais avec plus de force et plus d'effet, par la raison que les courbures du volant étant la résultante même du mouvement circulaire et de la force centrifuge de l'eau, celle-ci n'éprouve pas, comme dans un récepteur en lignes brisées, de brusque changement de direction suceptible de diminuer sensiblement sa puissance.

Carnot, chargé par l'Académie des sciences d'examiner cet appareil, l'a déclaré susceptible d'un fort rendement, comparativement aux autres moteurs existant alors, mais sans préciser ce rendement, qui ne devait pas être très considérable, car la machine fut promptement abandonnée.

En 1844, le fils de l'inventeur essaya de la faire revivre en y apportant des perfectionnements assez notables dans les détails, et surtout un changement capital : le remplacement du volant courbe, qu'il avait déjà proposé de subdiviser en cloisons, par une spirale continue, ou, mieux encore, l'extension de cette idée à la construction d'un appareil conique, muni extérieurement d'un tuyau contourné, suivant une hélice à un ou plusieurs filets; mais la turbine était connue, et c'est vers elle que se portait alors toute l'attention.

LES TURBINES

C'est l'ingénieur français Burdin qui est l'inventeur du nom, mais pas absolument de la chose, étant admis que les turbines ne soient qu'un perfectionnement des roues hydrauliques à réaction. Car le premier moteur sérieux et véritablement pratique dans ce genre est dû à M. Fourneyron, qui, du reste, était son élève.

La première vraie turbine de M. Burdin, qui fut établie aux moulins de Pont-Gibaut en 1823, n'était encore qu'une modification des roues à réaction, qu'il avait déjà construites pour faire mouvoir les moulins d'Ardres, dans le Puy-de-Dôme, et basée sur le principe du tourniquet hydraulique, tout en sa rapprochant assez sensiblement des dispositions indiquées par les Euler, cause pour laquelle on a fait remonter l'invention de la turbine jusqu'à eux.

Nous en donnons, d'ailleurs, un dessin ci-contre.

Comme on le voit, elle consistait en une roue horizontale composée, en guise de palettes, de couloirs en tôle courbes, présentant une obliquité avec les génératrices cylindriques du double disque formant la roue, et qui était solidement fixé sur un arbre vertical en bois.

Turbine Burdin.

L'eau était amenée au-dessus de cette roue, dans un réservoir creux dont elle s'échappait par des conduits inclinés en sens contraire des couloirs, mais disposés de façon que leurs orifices rencontrassent toujours ceux des couloirs.

Ce fonctionnement s'explique de lui-même; car l'eau forcée dans le réservoir par l'élévation de sa chute, s'introduisant dans les couloirs inclinés, les oblige à fuir devant le jet, et l'appareil prend un mouvement de rotation d'autant plus rapide que la totalité des couloirs vient se présenter dans un tour de roue aux orifices injecteurs.

D'ailleurs, pour faciliter le dégorgement desdits couloirs, M. Burdin en avait dévié deux sur trois alternativement à leur partie inférieure, de façon que la moitié laissait écouler son eau en dehors et l'autre moitié en dedans de la voie centrale, correspondant à celle de l'introduction.

Disposition d'une grande importance, puisqu'elle empêche que l'eau épanchée par un couloir, dans le bief inférieur, ne soit choquée par le couloir qui vient immédiatement après, et à laquelle il a donné le nom d'*évacuation alternative*.

Ce moteur a donné un rendement triple de celui qu'il remplaçait, et qu'on peut évaluer en chiffres à 67 0/0 de la force vive.

Mais M. Burdin a cherché mieux encore et, s'il n'a pas exécuté, il a du moins donné les plans et la description d'une turbine susceptible d'être immergée, se composant de la roue tournante et d'un réservoir fixe, qui lui injecte l'eau motrice par des orifices distributeurs, disposés sur tout le parcours d'une couronne circulaire.

En un mot, cet habile ingénieur a droit au titre d'inventeur de la turbnie moderne; car il a pressenti, sinon toujours indiqué, toutes les dispositions que l'on pouvait donner au nouveau moteur, dont son élève, M. Fourneyron, devait doter l'industrie.

TURBINE FOURNEYRON

Bien que M. Fourneyron ait construit des turbines dès 1827, à Pont-sur-l'Ognon (Haute-Saône) et en 1830, à Dampierre, pour actionner la soufflerie des forges de Fraisans, il n'a pris qu'en 1832 le brevet pour celle à laquelle il donna son nom.

C'est donc celle-là que nous décrirons d'abord.

Elle se compose :

D'un disque, ou roue tournante, présentant à sa circonférence une partie plate annulaire, sur laquelle les aubes sont montées parallèlement entre elles, et un anneau isolé exactement de même dimension, et en dedans une concavité à peu près de la forme d'une cuvette, dont le centre est garni d'un moyeu servant à son montage sur l'arbre vertical, qui tourne avec la turbine.

Turbine Fourneyron.

Cet arbre, qui traverse une gaine cylindrique destinée à l'isoler complètement du réservoir, repose sur un pivot établi sous l'eau, dans le bief d'aval, et formant crapaudine, ce qui permet d'en entourer la surface flottante d'un bain d'huile qui ne saurait s'échapper.

On laisse à ce pivot une certaine mobilité dans le sens vertical, en le faisant supporter par un levier dont la manette se trouve à l'extérieur, pour se donner le moyen de remettre la turbine immédiatement en face de l'ouverture de la cuve qui la surmonte, si des tassements ou des jeux l'avaient dérangée.

Cette cuve cylindrique, dans laquelle l'eau arrive du bief d'amont et qui reste immobile par un montage particulier, est fermée à sa base, mais percée sur son contour, à la partie inférieure (autour de l'arbre), d'une ouverture en face de laquelle se présente la face interne de la roue horizontale.

L'eau, qui tend naturellement à s'échapper, par l'ouverture pratiquée dans le fond de la cuve, mais dont le débit est réglé par un système de vannage circulaire dont nous parlerons tout à l'heure, pénètre dans la turbine par sa face interne, y est guidée par des aubes courbes, contre lesquelles elle réagit par sa force centrifuge, et en sort par sa face externe, en imprimant le mouvement à la roue horizontale, dans le sens où est tournée la convexité de ses aubes.

Mais, dans le but d'éviter la perte de force vive qui pourrait provenir du choc de l'eau contre les aubes, à son entrée dans la roue, M. Fourneyron a pensé à la diriger à sa sortie de la cuve, en garnissant le fond de cette cuve de cloisons fixes, dont l'inclinaison est calculée de manière qu'en raison de la rotation de la roue l'eau, dans son mouvement rotatif, ne s'échappe que tangentiellement aux aubes.

Reste à parler du vannage, qui s'est imposé par la nécessité où l'on pouvait être de modifier quelquefois le régime de la turbine, par suite de l'inconstance de l'affluence des eaux motrices, car il importe avant tout de conserver toujours la même vitesse.

Pour cela, l'inventeur a divisé, au moyen de cloisons horizontales, la hauteur de sa turbine en trois parties égales, qui lui donnent en réalité trois turbines, liées entre elles et montées sur le même axe, et organisé une vanne circulaire qui est manœuvrée à la main, à l'aide d'un mécanisme spécial, établi sur le plancher supérieur et auquel ce cylindre-vanne est rattaché par des tiges verticales.

Ce mécanisme est composé de trois roues horizontales, commandées simultanément par une roue centrale, et dont les moyeux sont garnis d'écrous traversés par des tiges filetées, assemblées en prolongement de celles qui se rattachent à la vanne; et il est facile de comprendre que lorsqu'on fait tourner les pignons, au moyen de la manivelle qui actionne la roue centrale, ces tiges filetées montent ou descendent avec la vanne.

La turbine Fourneyron peut fonctionner indifféremment à une petite distance au-dessus du niveau d'aval, ou noyée dans ce bief.

Cette dernière disposition est préférable à tous égards; car elle évite toute déperdition dans la hauteur de la chute et permet de profiter de l'excédent de puissance de cette chute, lorsqu'arrivent les grandes eaux.

De plus, elle met le moteur à l'abri des inconvénients de la gelée ou du charriage des glaçons à la dérive.

C'est, du reste, la façon la plus commune de l'employer; mais, dans ce cas, son installation exige une construction spéciale, nécessaire, du reste, pour toutes les turbines immergées.

Le canal d'arrivée est prolongé vers l'intérieur de l'usine comme s'il devait la traverser, mais on l'arrête par un barrage en charpente, qui se raccorde avec les murs latéraux et et avec un plancher qui forme, en quelque sorte, le prolongement du fond du canal.

C'est sur ce plancher, appuyé sur un mur qui barre le canal inférieur qu'est fixée la cuve cylindrique au-dessous de laquelle est la turbine, et l'eau amenée continuellement par le canal supérieur, — que l'on appelle *chambre d'eau*, par cette raison qu'on en fait un véritable chambre, par l'installation d'une vanne à quelque distance en amont, — n'a pas d'autre moyen pour s'écouler que de traverser la cuve, en faisant mouvoir la turbine.

Comme nous l'avons dit, cette disposition s'impose pour les turbines immergées, mais aussi pour la plupart de celles qui reçoivent l'eau sur tout leur pourtour à la fois, excepté pourtant quand il s'agit de grandes chutes, où la chambre d'eau, trop considérable à l'état naturel, est remplacée par un réservoir en fonte hermétiquement clos, comme nous le verrons plus loin.

Grâce à cette disposition, la turbine Fourneyron, même sans les modifications qu'on y a apportées depuis, peut être adaptée à toute espèce de chute; l'inventeur l'a bien prouvé, en en établissant une à Saint-Blaise, dans la Forêt-Noire, pour une chute de 108 mètres de hauteur et une à Gisors, pour une chute seulement de $1^{m}15$.

Toutes les deux ont donné le même rendement, de 70 à 74 0/0, et pourtant elles étaient très dissemblables de dimensions et de vitesse, puisque celles de Saint-Blaise (il y en eut deux pour utiliser la chute complète) n'avaient que 55 centimètres de diamètre et faisaient 2,300 tours à la minute, tandis que celle de Gisors fonctionnait à l'ordinaire.

Nous venons de dire que beaucoup de modifications ont été apportées au système Fourneyron; nous ne les étudierons pas toutes; comme nous l'avons fait pour les roues, nous parlerons seulement des plus connues, en commençant par la turbine dite de *Dampierre*, qui est aussi de M. Fourneyron, mais qui diffère sensiblement, par sa disposition, de celle dont nous venons de nous occuper.

TURBINE DE DAMPIERRE

Ce moteur, construit pour utiliser une chute dont la hauteur était variable entre 3 et 6 mètres, est en quelque sorte resté le type des turbines pour grandes chutes, qu'on appelle industriellement, je crois, turbines à bâches.

La chambre d'eau est artificielle et constituée par un vase clos, capable de contenir l'eau avec toute la pression acquise par la hauteur de la chute, ce qui permet de réduire ses dimensions à des proportions minuscules.

Ainsi, la turbine de Dampierre n'avait dans son ensemble que 90 centimètres de diamètre à l'extérieur et 62 à l'intérieur, et elle produisait une force équivalente à celle de 8 chevaux-vapeur.

Comme on le voit par notre dessin, page 15, la chambre

d'eau a la forme d'un cylindre creux, et surmonté d'un couvercle fermant hermétiquement et servant de guide supérieur à l'axe de la turbine, qui, du reste, est exactement du même système et fonctionne avec les mêmes organes que la turbine Fourneyron proprement dite.

Turbine de Dampierre à bâche isolée.

La vanne est manœuvrée de la même façon, à l'aide des trois pignons que l'on voit sur le couvercle du réservoir; seulement la roue centrale est commandée par un pignon emmanché dans un axe vertical terminé par une manivelle, qui s'élève au plancher supérieur, sur lequel il est guidé par une console en fonte.

Toute la différence consiste dans l'admission de l'eau qui ne joue pas librement au-dessus de la turbine immergée, mais s'introduit dans le réservoir, chambre d'eau, par un conduit courbe, dont l'extrémité supérieure s'ouvre directement au niveau d'amont.

Mais l'eau, remplissant le réservoir et en pressant les parois intérieures selon l'élévation du niveau supérieur, traverse les aubes et agit exactement de la même façon.

Ce système n'est donc pas à proprement parler une modification, mais une adaptation d'un réservoir, adaptation très heureuse, du reste, car l'utilisation des grandes chutes était impossible avec les turbines ordinaires.

TURBINE CADIAT

La turbine Cadiat, brevetée en 1839, diffère de celle de M. Fourneyron par le vannage et par l'introduction de l'eau.

Elle se compose d'un seul disque, muni de palettes à sa circonférence et naturellement fixé sur l'arbre de transmission vertical; l'eau arrive librement sur ce disque, et s'introduit dans la turbine, sans le secours d'aubes directrices, par une ouverture polygonale garnie d'un entonnoir conique.

Le vannage, placé à l'intérieur de l'aubage, de façon à agir plutôt sur la sortie de l'eau que sur son entrée, est formé d'une plaque circulaire, en forte tôle, entourée cylindriquement d'une couronne en fonte, qui lui donne la rigidité nécessaire; et c'est par les oreilles dont cette couronne est munie, que la vanne est rattachée aux tiges verticales, reliées au mécanisme, à l'aide duquel on la soulève.

Ces tiges, dont le nombre primitif de quatre a été augmenté depuis, sont reliées au-dessus du plancher supérieur, par un mécanisme qui permet à un seul homme de manœuvrer la vanne, soit pour mettre la turbine en marche, soit pour l'arrêter ou modifier sa dépense d'eau, selon les besoins.

L'un des premiers moteurs de ce genre, et le plus puissant, d'ailleurs, puisqu'il a une force effective de 45 chevaux, a été établi à Sarreguemines, pour actionner les diverses machines d'une manufacture de produits céramiques.

Turbine Cadiat.

Ce système, bien que n'ayant pas eu le succès des turbines Fourneyron, ni surtout celui des turbines Fontaine, dont nous parlerons tout à l'heure, n'est pas encore complètement abandonné; il a même été modifié, en 1845, par M. Barbier, qui plaçait le vannage à l'intérieur de l'aubage au lieu de le placer à l'extérieur, et plus tard par M. Krafft, qui a donné à la vanne la même forme courbe que le fond fixe sur lequel elle vient s'appliquer; à cet effet, la vanne est découpée à sa circonférence pour le passage des aubes, et tourne avec elles.

TURBINE CALLON

C'est surtout par le système de vannage que la turbine Callon, qui date de 1840, s'éloigne de la turbine Fourneyron, dont elle a, d'ailleurs, tous les organes, mais disposés autrement.

Ainsi, les aubes directrices de la cuve réceptrice de l'eau n'occupent qu'une zone étroite et sont en nombre égal avec celles de la couronne mobile.

Et les orifices d'évacuation, qui dans la turbine Fourneyron sont maintenus parallèles dans le sens horizontal, de l'intérieur à l'extérieur de la turbine, vont en s'élargissant, dans le but de rendre la section d'évacuation constante et inversement proportionnelle à la vitesse de l'eau, aux points correspondants de son parcours.

Turbine Callon.

Quant au mode de vannage, il a été étudié pour faire disparaître l'inconvénient que présentait le système Fourneyron.

S'il arrive, par exemple, que le bord inférieur de la

vanne ne se trouve pas exactement à la hauteur des deux cloisons (ce qui est souvent indispensable pour conserver un niveau constant dans la cuve), l'eau, emprisonnée dans la portion obturée de la roue, entre à l'état de remous, aux dépens de la force vive de l'eau affluente.

Pour remédier à cela, M. Callon divise sa vanne en tiroirs égaux qu'il abaisse ensemble ou isolément, en face des ouvertures laissées par les cloisons disposées au fond de la cuve; ou pour mieux dire, il y a autant de vannes, qui règlent la distribution de l'eau, en fonctionnant comme des tiroirs isolés, qu'il y a de divisions dans la cuve.

Chacune de ces vannes, demi-cylindres de bois, dont le diamètre est égal à l'écartement de deux aubes, est rattachée à une tringle verticale qui s'élève au-dessus du second plancher, à une hauteur suffisante pour qu'on puisse les manœuvrer à la main, soit isolément, soit par groupes, de façon à régler la dépense de l'eau selon les besoins du moteur.

Ce système, qui paraît d'abord très pratique, n'est pourtant pas sans inconvénient; car au moment où l'intervalle de deux aubes arrive en face d'une vanne fermée, il y a changement brusque de régime, et par suite choc et perte de force vive.

Mais on l'a repris, avec des modifications qui donnent de bons résultats.

Il est entendu que nous n'avons parlé que de la turbine centrifuge de M. Callon. Car cet inventeur en a construit une autre, qu'il appelle *Eulérienne*, et dont nous ne nous occuperons pas, parce qu'elle n'est pas entrée dans le domaine de la pratique.

TURBINE FONTAINE

La turbine Fontaine, qui a des formes et des dispositions variées, selon la hauteur des chutes d'eau auxquelles elle est destinée, est la plus répandue de toutes; les établissements de l'État l'ont adoptée partout et nulle n'a profité de plus de perfectionnements, indiqués par la pratique et apportés successivement dans les établissements de Chartres, où on la construit depuis quarante ans.

Quelle que soit son application, elle se compose essentiellement de deux parties circulaires distinctes, placées l'une au-dessus de l'autre sur un axe vertical et formées par des roues portant des aubes courbes à surface hélicoïdale, dont la génératrice est une droite horizontale.

Le disque supérieur appelé distributeur, est fixe et boulonné au bâti en charpente, qui sépare le bief d'aval de la chambre d'eau; il est divisé par les cloisons directrices, disposées de façon à conduire l'eau, sans aucun choc, suivant une inclinaison calculée d'après la pression, sur les aubes de la couronne mobile.

La partie inférieure, qui est la turbine proprement dite et tourne avec l'arbre moteur, est un disque annulaire divisé sur toute sa circonférence en cloisons ou diaphragmes, sortes d'aubes qui, dirigées en sens inverse de celles du distributeur, suivent une courbe dont les ordonnées, sous la vitesse de l'eau et de la turbine, vont en s'élargissant vers le bas et à l'extérieur.

Elles forment ainsi des orifices, dont l'aire est plus grande que celle des adducteurs, afin que la veine liquide puisse y dévier librement sans aucune contraction, ce qui évite les frottements nuisibles au rendement.

L'admission de l'eau par les orifices adducteurs se fait d'une façon toute spéciale, qui est l'une des ingéniosités de ce moteur et le meilleur perfectionnement qu'on y ait adapté. La distribution en est réglée au moyen de deux bandes en gutta-percha, disposées pour s'enrouler sur deux cônes tronqués et emmanchés au même axe, que l'on fait mouvoir du plancher supérieur ou de l'usine, par une manivelle fixée à une ringle verticale, munie d'un pignon.

Suivant le sens dans lequel on fait tourner ces cônes, cannelés pour éviter les glissements de la gutta-percha, les orifices se découvrent ou se ferment par couples diamétralement opposés, et c'est par les orifices ouverts, qui ne sont jamais obstrués ni gênés par aucune pièce du mécanisme, que l'eau entre librement et peut sans aucune contraction, pénétrer dans les aubes et en suivre exactement les courbes.

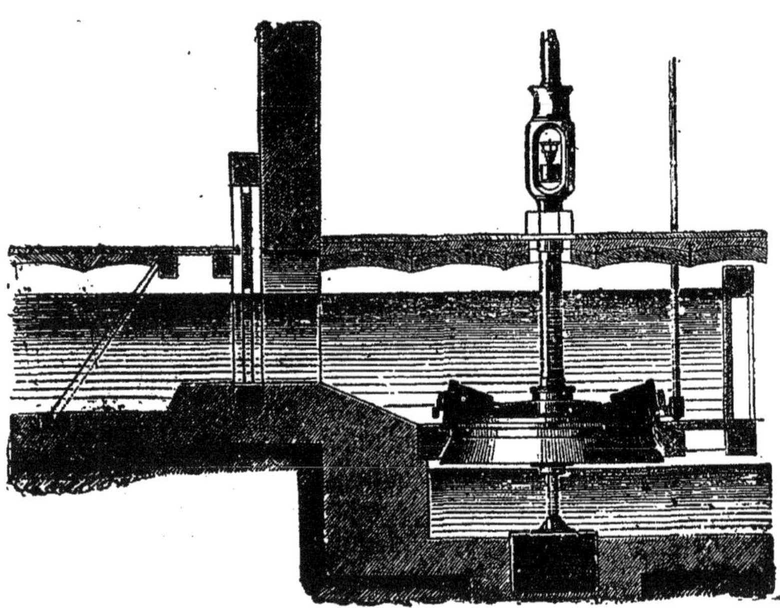

Turbine Fontaine.

Ce système, qui est un véritable régulateur, permet de dépenser des volumes d'eau très variables sans que le rendement varie sensiblement; il remplace, en un mot, et très avantageusement, le vannage, qui est toujours une difficulté dans les turbines que nous avons déjà étudiées, et qui existait dans les premières turbines Fontaine, en se rapprochant du système Callon.

Tel est le principe de ce qu'on appelle la turbine perfectionnée Fontaine, principe adopté pour les constructions spéciales, nécessitées par les circonstances, et au nombre desquelles nous citerons : la turbine double, la turbine à réservoir d'eau forcée, la turbine locomobile et la turbine à bâche isolée.

La *turbine double* a pour but d'utiliser les chutes extrêmement variables; elle se compose en somme de deux turbines superposées circonférenciellement, ou pour mieux dire de deux aubages distincts, l'intérieur étant d'une largeur, dans le sens du rayon, que plus triple que l'extérieur.

Ces deux aubages, placés sous des directrices dont les aubes sont correspondantes, sont d'ailleurs indépendants l'un de l'autre, de sorte que l'on peut immobiliser l'intérieur pour les eaux basses de l'été et que l'on peut se servir des deux réunis, par les grandes eaux.

Les diamètres des compartiments étant calculés en raison des chutes extrêmes, on est assuré, quelles que soient les différences de hauteur de pression, d'avoir toujours une vitesse constante.

La *turbine à réservoir d'eau forcée* est, comme son nom l'indique, une turbine à bâche, destinée à utiliser les chutes d'eau d'une grande hauteur.

Elle ne diffère de la turbine ordinaire qu'en ce qu'elle possède une chambre d'eau hermétiquement close, dans laquelle l'eau venant établir sa pression, traverse la turbine avec toute la vitesse que lui donne la chute complète.

Ce réservoir est, du reste, à quelques dispositions de détail près, installé de la même façon que celui dont nous avons déjà parlé, pour la turbine de Dampierre.

La *turbine locomobile* part absolument du même principe que la précédente, mais elle est disposée pour fonctionner dans les villes, où les eaux s'accumulent dans des réservoirs quelquefois très élevés. Le moteur est donc tout simplement un tuyau de concession, ajusté par un robinet au conduit de la chambre d'eau.

Pour justifier son titre, cette turbine, susceptible d'une grande vitesse, est montée sur un bâti, auquel il est très facile d'ajouter des roues.

Si la turbine est d'un volume très petit, ce qui est indispensable pour obtenir une grande vitesse, elle reçoit l'eau seulement par deux orifices injecteurs, dont le vannage ne se fait pas avec les rouleaux coniques ordinaires du système, mais au moyen de tiroirs en bronze, présentant une lèvre qui constitue l'une des parois de l'orifice.

Ces tiroirs sont mis en mouvement par un petit mécanisme de transmission, appliqué sur la bâche et composé de pignons et d'engrenages et que l'on commande d'en haut par un volant fixé à l'extrémité d'une tringle, comme on peut s'en rendre compte par notre gravure.

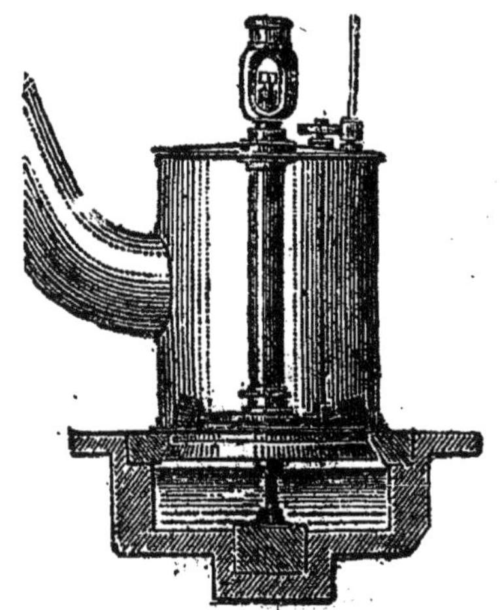

Turbine à conduit forcé.

Turbine locomobile.

Quant à la *turbine à bâche isolée*, elle participe de la grande turbine ordinaire et de la turbine à grande vitesse. Seulement, au lieu d'être cachée dans le réservoir chambre d'eau, elle est au-dessous du bâti qui la supporte, ce qui est de beaucoup préférable au point de vue des facilités d'entretien.

Dans ce cas, la bâche joue le même rôle que la cuve réceptrice, et son fond est percé d'orifices adducteurs, en rapport avec l'aubage de la turbine.

Le vannage se fait au moyen des rouleaux coniques, avec quelques modifications imposées par la forme de la bâche, dont le diamètre est moins large que celui de la turbine.

Ce moteur est un des plus recommandables pour les chutes de hauteurs moyennes.

TURBINE A BACHE, CALLON ET GIRARD

C'est une turbine Fontaine (la première, établie chez MM. Brijan, Donkin et Ce, de Londres, qui a d'ailleurs été construite dans les ateliers Fontaine et Brault de Chartres) à laquelle les inventeurs ont adopté un vannage à papillon.

Turbine à bâche (système Callon et Girard).

Pour installer ce papillon dans la cuve réceptrice, le fond fixe, au lieu d'être muni d'aubes sur toute sa circonférence, n'en possède qu'un petit nombre, occupant deux segments opposés, d'un développement de 50 degrés chacun, et les parties du fond, où débouchent les orifices présentent, de même que celles du centre, une saillie dressée pour le fonctionnement précis du papillon.

Le mécanisme employé pour manœuvrer ce papillon consiste en un pignon engrenant avec une denture ménagée à l'une de ses extrémités, lequel pignon est monté sur un axe vertical, qui traverse la bâche au moyen d'une boîte à étoupe, pour recevoir sa commande, extérieurement, de deux petites roues manivelles qui permettent d'actionner le papillon dans un sens ou dans l'autre.

Le seul inconvénient de ce système est qu'il faut pratiquer un évidement demi-cylindrique dans toute la hauteur du réservoir, pour loger le pignon et son axe, mais ce n'est une considération qu'au point de vue de la grâce de l'appareil.

TURBINE JONVAL-KŒCHLIN

Le but de ce moteur, imaginé d'abord par M. Jonval, et perfectionné par M. Kœchlin, était surtout de remédier à la difficulté qu'il y avait à reparer les turbines déjà connues.

Effectivement, pour les atteindre, il fallait d'abord les mettre à sec au moyen d'un barrage, et épuiser complètement l'eau au moyen de pompes, ce qui était long et dispendieux.

Pour éviter cela, M. Jonval établit sa turbine à une petite distance du niveau supérieur d'une cuve cylindrique, qui réunit les deux biefs en plongeant un peu dans l'eau du bief inférieur.

C'est surtout cette disposition qui constitue l'invention, et non la construction du moteur, qui n'est autre chose qu'une turbine Fontaine, dont l'enveloppe cylindrique serait supprimée pour laisser les aubes, isolées extérieurement et en quelque sorte rapportées sur le corps central qui forme le moyeu, tourner à l'intérieur d'un cylindre, avec le jeu strictement nécessaire.

A l'origine, la turbine tournait sur un pivot, mais le graissage en était si difficile, qu'on l'a remplacé par des galets.

Ce système est loin d'être aussi défectueux qu'il le paraît d'abord; car il semble qu'on perde toute la puissance de la chute d'eau qui reste au-dessous de la face inférieure de la turbine : il n'en est rien pourtant et, si la pression au-dessus est faible la pression au-dessous est négative ; ce qui fait une compensation et permet à la somme des efforts supportés par les aubes de rester toujours la même.

Turbine Jonval-Koechlin.

Du reste, il présente cet avantage pour la visite et la réparation du moteur, qu'il suffit de détourner l'eau de la source pour que le réservoir se vide en peu de temps.

Malgré cela, son emploi ne s'est pas généralisé, pas plus, d'ailleurs, qu'une autre création des mêmes auteurs : la *turbine à haute chute* qui, par la conséquence du système, a cela de particulier que son réservoir, après avoir fait chambre d'eau au-dessus de la roue motrice, se prolonge au-dessous pour servir de conducteur aux eaux utilisées, jusqu'au bief d'aval.

Ce prolongement a, du reste, son utilité, car il sert de point d'appui au levier qui fait mouvoir le papillon, servant de vanne de mise en train, à l'appareil.

Ce papillon, qui bouche l'orifice du conduit, est un plateau en fonte renforcé de nervures et muni d'un carré dans lequel s'ajuste un axe, qui traverse les parois du conduit et porte extérieurement une manivelle reliée par une bielle à un bras de levier, ayant à moitié de sa longueur un écrou oscillant, traversé par une tige verticale filetée qui monte jusqu'au plancher supérieur, où on la manœuvre à l'aide d'un volant.

Ce moteur, d'un faible diamètre et d'une vitesse de rotation considérable, a donné d'excellents résultats, notamment dans une minoterie de Sarragosse, où M. Fossey en a établi deux, avec une chute de 12 mètres, et dans la vallée de Munster, où il actionnait sous une chute de 18 mètres, 54 métiers à tisser avec un rendement de 75 pour cent. Mais, dans ce dernier cas, il se composait de deux turbines de 20 centimètres de diamètre, montées sur le même axe.

TURBINE GIRARD

Ce qu'on appelle la turbine Girard n'est pas à proprement parler une turbine, ou pour mieux dire c'est la turbine de tout le monde, puisque l'invention de M. Girard consiste dans l'hydropneumatisation, qui a pour objet d'abaisser le niveau des eaux, en aval, au-dessous de la roue mobile, lorsque ce niveau est tel que la turbine doit marcher noyée; ce qui permet de supprimer tous les systèmes de vannage, en faisant fonctionner la turbine dans l'air.

Pour obtenir ce résultat, on clôt hermétiquement l'espace occupé par la turbine et on y refoule de l'air au moyen d'une petite pompe commandée par l'arbre de la turbine.

Cet air est introduit dans le moteur, par l'intermédiaire d'une sorte de cloche renversée, dont l'extrémité plonge dans le bief d'aval et qui, laissant échapper l'air comprimé qui s'y est emmagasiné et est sans cesse renouvelé par le jeu de la pompe, fait continuellement le vide au-dessus de la turbine.

La pression de l'air dans la cloche étant représentée par la différence des niveaux de l'eau, à l'intérieur de cette cloche et à l'extérieur dans le bief d'aval, il s'ensuit que la hauteur de la chute est toujours utilisée tout entière.

Turbine Girard, à roue verticale.

Avec ce système, très répandu aujourd'hui, la disposition horizontale n'est plus indispensable aux turbines, et l'on a même avantage en certains cas à établir des roues verticales.

Nous pourrions nous arrêter là, car c'est vraiment le dernier mot de la question ; mais nous avons encore quelques systèmes à étudier.

TURBINE A HÉLICE BOURGEOIS

Cette turbine, connue depuis 1845 et cependant peu employée, parce qu'elle est défectueuse dans la pratique, est une véritable hélice, à deux filets, venue de fonte avec un manchon, claveté sur l'arbre vertical.

On comprend aisément son fonctionnement, qui ne

demande point de cuve réceptrice de l'eau ; ce qui est un avantage, puisque l'eau arrive directement sur la première lame de l'hélice et y exerce une pression qui se décompose en plusieurs directions, par l'effet du plan incliné qui forme l'hélice.

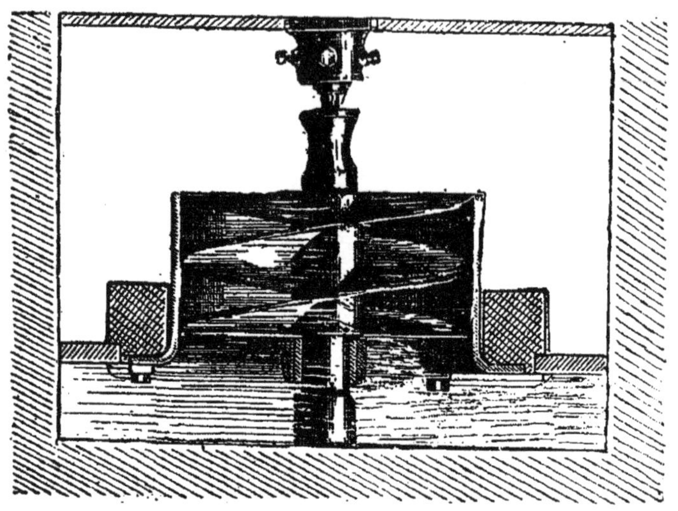

Turbine Bourgeois.

Mais il n'y a point non plus de système de vannage, ce qui est un défaut, puisqu'il n'y a aucun moyen de régler la dépense de l'eau motrice ; car il ne faut pas considérer comme tel la vanne qui met en communication le bief d'aval et l'espace réservé au-dessous de la turbine, cette vanne ne pouvant servir effectivement qu'à la mise en marche ou à l'arrêt du moteur.

Cette turbine a reçu quelques applications dans des usines des environs de Paris, mais son emploi ne s'est pas répandu.

TURBINE ANDRÉ

Celle-ci se distingue surtout de la turbine Fontaine par son système de vannage annulaire, appliqué à chaque compartiment du distributeur.

Ce système se compose de deux demi-tores creux, en fonte, qui viennent se poser, — par l'effet d'un mécanisme supérieur, qui permet de les baisser ou de les relever à volonté —

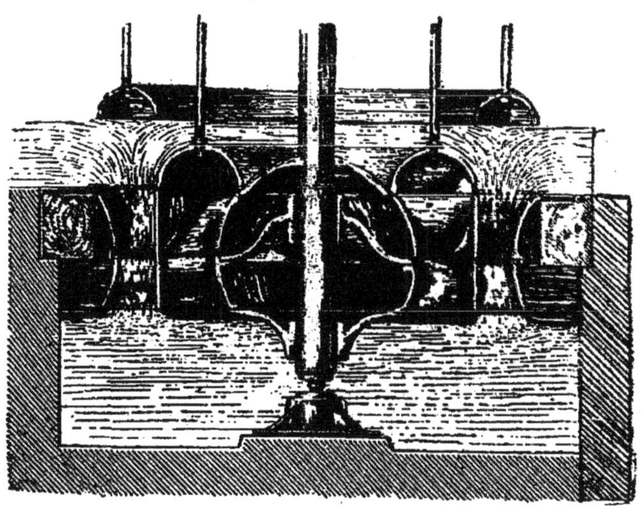

Turbine André.

ensemble ou séparément sur la partie supérieure de la couronne fixe, et recouvrir ainsi chaque compartiment d'aubage.

Il n'est pas sans inconvénient; car il ne peut pas agir progressivement et un compartiment ne peut être qu'entièrement ouvert ou entièremment fermé; mais il rachète ces défauts par une grande simplicité, qui en permet des applications utiles sous les hautes chutes, dans des cours d'eau susceptibles de variations fréquentes, ou dans toutes circonstances, lorsque le travail n'exige pas une régularité absolue.

Nous pourrions citer encore beaucoup d'autres systèmes; car les brevets qui ont été pris depuis quarante ans pour des turbines ne se comptent plus, mais comme en général ils ne présentent que des modifications peu sensibles, qui ne sont pas toujours des améliorations, ce serait allonger notre travail, sans aucun profit pour le lecteur.

Lucien Huard.

TABLE DES MATIERES

Sceaux. — Imp. Charaire et Cie.

www.ingramcontent.com/pod-product-compliance
Ingram Content Group UK Ltd.
Pitfield, Milton Keynes, MK11 3LW, UK
UKHW021028200726
13857UKWH00004B/1654

9 782012 785380